١

في مئويتها الأولى

الحرب العالم الأولى

والاقتصاد الجديد

ممدوح الشيخ

الكتاب:

الحرب العالمية الأولى والاقتصاد الجديد

المؤلف:

ممدوح الشيخ

٣

الحرب تجربة إنسانية قديمة قـِدَم التاريخ الإنساني، وهي تجربة عاشتها الجماعات الإنسانية الأولى دون أن تسعى لأي قدر من "**التجريد**"، فهي كانت حتى وقت قريب نسبياً من تاريخ البشرية الطويل على كوكب الأرض، صراعاً دموياً هدفه القتل ومحركه "**الحقد المقدس**" (العرقي أو القومي أو القبلي أو الديني أو المذهبي أو ....) وسلاحه كل ما يمكن أن يزهق روح العدو.

وقبل أن يبزغ فجر العصر الحديث الذي شهد محاولات فكرية وفلسفية لـــ "**تجريد**" الحرب كظاهرة إنسانية اجتماعية، كان القرآن الكريم يضع معياراً فطرياً للنظر الحرب بوصفها شيئاً مكروهاً، قال تعالى: "**كُتِبَ عَلَيْكُمُ الْقِتَالُ وَهُوَ كُرْهٌ لَّكُمْ وَعَسَى أَن تَكْرَهُواْ شَيْئاً**

٤

وَهُوَ خَيْرٌ لَّكُمْ وَعَسَى أَن تُحِبُّواْ شَيْئاً وَهُوَ شَرٌّ لَّكُمْ وَاللّهُ يَعْلَمُ وَأَنتُمْ لاَ تَعْلَمُونَ" (سورة البقرة: ٢١٦)،
قبل أن تظهر رؤى فلسفية ترى الحرب حقيقة الحقائق!

والفرق بين التبرير والتسويغ وبين الفهم والاعتبار فرق كبير، وهو أخلاقي في المقام الأول.

٥

هيجل فيلسوف الحرب

وفي إطار نزوع مادي مفرط في أوروبا عززته حروب دامية متتالية جعلتها التطورات التي شهدتها "**التقنية العسكرية**" هذه القارة في مطلع الحديث أقرب للمجازر الواسعة، أصبحت الحرب موضوعاً مهماً جداً في الدرسات الاجتماعية – وصولاً إلى الفلسفة – حيث ظهر نوع من الدراسات وفرت له هذه الحروب "**مادةً خام**" كبيرة لإعادة قراءة الحرب وآثارها ضمن ما أصبح يـــعُرَف بـــ "**دراسات المجتمع والحرب**". ويكاد الفيلسوف الألماني **الشهير** جورج فردريك هيجل (١٨٣١ – ١٧٧٠) ينفرد بالنظر إلى الحرب كمؤثر إيجابي. وعلاقة الحرب بالمجتمع عند هيجل فرع

٦
‒

عن رؤيته لفلسفة التاريخ، والتاريخ لدى هيجل ليس رواية الأحداث لاستنتاج العبر والحكم، بل إن التاريخ الكلي الحقيقي هو "**التاريخ الفلسفي**" باعتبار أن العقل هو جوهر التاريخ. وعلى عكس المعيار الفطري الذي أشرنا إليه في القرآن الكريم في النظر إلى كفعل "**مكروه**"، يعتقد هيجل أن الحروب هي الفترات التاريخية الحقيقية فهي التي تستفز الشعوب وتحقق فيها الأمم قفزات هائلة، لم تكن لتحدث لولا الحروب، بينما تعتبر فترات السلام خالية من المنجزات والأحداث الحقيقية. وفي الحقيقة فإن فهم الحرب ‒ بعد أن تقع ‒ وتقيممها بوجهيها، شيء مختلف تماماً عن تسويغها، بل ربما النظر إليها بنظارات هيجل بوصفها "**صانعة التقدم**"!

٧

الحرب فاعلاً ومفعولاً به!

وقد كان من الحقائق التي لا تنفصل عن تاريخ الحروب أن الصراعات التي خاضها البشر فرضت اهتماماً كبيراً بإحراز كل ما يمكنها إحرازه من مقومات القوة. ولما كانت القوة المسلحة الأداة النهائية لحسم الصراع، فإن دور التقنية — وكذلك التنظيم العسكري — في بنائها وتطويرها أصبح شديد الأهمية لتعزيز قوة الدولة والحفاظ على أمنها. وما "**الاقتصاد الجديد**" الذي ولد بعد الحرب العالمية الأولى إلا حشد لطاقاتي الابتكار والتنظيم كركيزتين أساسيتين. ولا نغفل هنا أن هذا الاقتصاد تعرض لنكسة كبيرة في أزمة "**الكساد العظيم**" مطلع ثلاثينات القرن الماضي، لكنه

٨

عاود الانطلاق بعد الحرب العالمية الثانية بقوة كبيرة.

وفي إطار العلاقة تبادل بين المجتمعين: المدني والعسكري تبادلا المنافع في الابتكار والتنظيم بدرجات متفاوتة حتى أصبح هناك ما يمكن اعتباره ملامح صيغة واضحة للعلاقة بين الحرب والمجتمع، وفي القلب منها الحرب والاقتصاد. وعلى طول التاريخ حاول صناع الحرب زيادة طول ذراعهم، بدءًا من كتابات المؤرخ ديودروس سكولاس في القرن الرابع قبل الميلاد عن الجنرال الإغريقي إيفيكراتس الذي قاتل مع الفرس ضد المصريين ضاعف طول السيف فزاد مدى الأسلحة. والأجهزة القديمة كالمنجنيقات كانت تقذف كرة زنتها عشرة أرطال لمسافة ٣٥٠ ياردة، والقوس الذي استخدم في الصين عام ١١٠٠ كان سلاحاً مخيفاً لدرجة أن البابا إنوسنت الثاني عام ١١٣٩ حاول تحريمه!.

وتاريخياً ارتبطت القدرة العسكرية بالتقدم التقني في المجتمع، ففي العصر الحجري (حوالي

٩

١٠,٠٠٠ قبل الميلاد) اقترن التحول إلى المجتمعات الزراعية المستقرة بتسارع زيادة المهارات التقنية، فاتسع نطاق تشكيل الحجر وازداد أسلوب صناعته صقلاً. وكان الاستقرار في المجتمعات الزراعية سبباً لقيام نظام اجتماعي ضمن أهدافه الدفاع فظهرت مهارات فنية متخصصة، وعلى امتداد الألف الثاني قبل الميلاد رحلت السفن حول المتوسط حتى بريطانيا بحثاً عن القصدير العنصر الحيوي لصناعة الأسلحة. وفي هذه الحقبة نشأت أول علاقة جدل بين التقنية والأمن، فالمجتمعات الزراعية اعتمدت على نظام للري وكان الصراع على الماء أخطر الصراعات، فأوجدت المجتمعات الزراعية جيشاً مستعداً ومع الجيش جاءت "**التقنيات**".

وشهدت الألفية الثانية قبل الميلاد دخول الهكسوس مصر وكان دخولهم علامة "**ثورة تقنية**" ثم توظيفها عسكرياً هي "**العجلات الحربية**" وكذلك "**السهم الآسيوي**". وامتازت هذه الفترة بدرجة عالية من تطبيق المعارف العلمية المختلفة لخدمة الأغراض

العسكرية على نحو جعل بعض المؤرخين ينسب إليهم نشأة: "**الهندسية العسكرية**"، وانعكس ذلك بشكل خاص في اهتمامهم بإنشاء الطرق لأغراض عسكرية وبلغت أطوال الشبكة التي أنشأوها ثمانين ألف كيلو متر.

وخلال العصر الغوطي تجلت علاقة التأثر والتأثير بين التقدم التقني وظهور أسلحة أكثر تطوراً، وفي القرنين التاليين حققت البحوث العلمية تقدماً كبيراً نتيجة البحوث الموجهة للأغراض العسكرية حتى أن مؤرخ العلم يسلمون بأن قسماً كبيراً من الفيزياء الحديثة ينبع من الاهتمام بعلم حركة القذائف الحربية. كما نشأت علاقة اعتماد متبادل بين "**التقنيات المدنية**" و"**التقنيات العسكرية**"، من أشهر أمثلتها أن صانعي الساعات السويسرية استعاروا في القرن الخامس محوراً مخروطياً اخترعه المهندسون العسكريون واستخدموه في صناعة الساعات. وكان من بين ضرورات مشروعات التوسع العسكري عبر البحار، بوصلة تتصف بالدقة

١١

وهو ما حدث فى القرن الرابع عشر فى إيطاليا.

١٢

١٣

فجر العصر الحديث

شهد فجر العصر الحديث تحـــوُّلاً لعبت التقنية دوراً محورياً فيه، فرغم أن الحضارة الإسلامية لم تكن قد فقدت عوامل قوتها فى مطلع العصر الحديث فإنها هزمت أمام التقدم الصناعي والتقني الأوروبي، ويحتمل أن البارود كان معروفاً في الشرق، لكن الأسلحة النارية اخترعت في أوروبا. ومع العصر الحديث برز مفهوم الأمن القومي مع ظهور الدولة القومية فى أوروبا، وخصوصاً خلال القرنين ١٦ و ١٧. وإذا كان الانتقال إلى العصر الوسيط قد اقتصر، تقريباً، على صعود قوى لتحل محل أخرى، فإن الانتقال للعصر الحديث انطوى على تغيرات جذرية تعد ثورة،

فباكتشاف الأمريكتين انتقل مركز العالم الغربي من البحر المتوسط إلى المحيط الأطلنطي، فولَّد هذا دفعة لتطوير الملاحة، أولاً، في البرتغال وأسبانيا، ثم في غيرهما. وتنامى العلم سريعاً في البلدان الأطلنطية. وفي بريطانيا في مطلع القرن ١٩ كانت الماكينات التي صممت لإنتاج كميات ضخمة من الكتل الخشبية اللازمة لأشرعة الأسطول البريطاني بادرة واضحة استبقت الإنتاج الكبير، وعندما نظم معرض كبير في لندن للإنتاج الصناعي كان ساحة عرض مذهلة لأعاجيب الإنتاج الكبير، وهو نموذج يكاد يكون مثالياً لعلاقة التأثير والتأثر المتبادلة بين التقنية واحتياجات الأمن.

١٥

الحرب تصنع العالم الجديد

بإدراك الدور الذي لعبته عمليات التطوير التقني المتواصل في ازدياد القدرة على التوسع الاستعماري سادت بين الدول القومية في أوروبا الحديثة حالة من "**شبه التوازن**" التقني بسبب سعي كل دولة لأن تكون نداً لمنافسيها فيما يملكون من أسلحة وأن تتفوق عليهم إن استطاعت، وأفضى هذا إلى حالة سباق تسلح دائمة. وكان العامل الرئيس الدافع لذلك زيادة العلاقة الوثيقة بين الابتكارات التقنية وأهداف الحرب. فمثلاً، عندما كان المحرك البخاري القوة التقنية المهيمنة احتاج الأمر مرور عقود حتى يمكن تطويعه لخدمة أهداف الحرب، وهو جاء مترافقاً مع تشييد

السفن بالحديد والصلب.

وقد كانت الاختراعات التي توالت بسرعة كبيرة بدءاً من منتصف القرن ١٩ نتيجة مباشرة لحقيقة أن المعارف والمهارات الفنية أخذت تنمو بسرعة خارقة أيضاً قياساً لكل العصور السابقة. وربما يفسر هذا أن يظهر مفهوم "**الحرب الشاملة**" فى كتاب المفكر الإستراتيجي الألماني (البروسى) فون درجولتر المعنون: "**الأمة تحمل السلاح**" عام ١٨٨٣، وفيه يخالف كلاوزفتيز في أن الحرب شيء تصنعه الجيوش، فمع حلول النصف الثاني من القرن ١٩ فقدت هذه الفكرة رسوخها بفضل تطورات تقنية واقتصادية، ويخص درجولتز بالذكر السكك الحديدية والبرق بوصفهما نقطة تحـــوٌّل. وقد وضعت السكك الحديدية فى أعوام: ١٨٦٤، ١٨٦٦، ١٨٧٠ تحت سيطرة هيئة الأركان البروسية فوفرت وضعاً أفضل حتى قبل انطلاق الرصاصة الأولى، وكان درجولتز يرى أن التقنيات الحديثة ستغير شكل "**حروب المستقبل**".

١٧

الاقتصاد لب الحرب

وقد بدأت الطفرات التقنية العسكرية المتلاحقة بين عامي ١٨٥٠ و ١٩١٤. وشهد الغرب — باستثناء الولايات المتحدة الأمريكية — تطوراً مذهلاً ومفاجئاً فى التقنية العسكرية. وبحلول القرن ٢٠ دخل العالم عصراً تحولت فيه القوة والغلبة إلى مفاهيم تقنية وعلمية ومالية وتنظيمية وتجارية جديدة، بحيث سمح بعض المفكرين والباحثين لأنفسهم بالجزم بأن معايير الصراع الدولي بدأت تختلف جذرياً، بحيث تلاشت عوامل المساحة الشاسعة والغنى بالمواد الأولية والمصادر الطبيعية كعناوين للقوة سادت بين عامي ١١٥٠ و ١٩٠٠. وكانت أولى التحولات الكبيرة تطبيق الطرق العلمية فى

صناعة السلاح وبدأت فى فرنسا. ولم تلبث البادرة أن تحولت – تدريجيا – إلى اتجاه عام وشمل المؤسسات العسكرية فى أوربا، وكان اهتمام هذه المؤسسات، حتى ذلك الوقت، منصباً أولاً على العنصر البشري، وكانت العقلية التي تحكم هذه المؤسسات عقلية ما قبل الصناعة. ولم يكن بوسعهم أن يتخيلوا أهمية الصناعة وعلاقاتها المحتملة بالأهداف – أو العمليات – العسكرية، ولذا فإنهم لم يدركوا الأهمية الشديدة لعملية إنتاج الأسلحة، فتُرك زمامها في يد أصحاب المصالح. وبصفة عامة كان إنتاج الذخائر عملية مستقلة محكمة التنظيم، وبينما كانت المنشآت العسكرية نفسها تتشبث بنظرة زراعية إقطاعية فى جوهرها، فإن صناع الأسلحة أخذوا فى تغيير طبيعة العسكرية ودورها.

وكانت تسيطر على الميادين كافة مجموعة من شركات الذخائر الكبرى، جاء كل منها نتيجة سلسلة من الإدماجات وتحالفات صناعية عبر القارة الأوروبية، أما في أمريكا، فلم يكن إنتاج السلاح أبداً نشاطاً

صناعياً متميزاً، وكان فرعاً من إنتاج قائم بالفعل، وموزعاً على شركات كثيرة. وفي اليابان، كان ظهور الصناعة الثقيلة نفسها يستهدف بدرجة كبيرة الإنتاج الحربي، ولم يكن صناعة الذخيرة بعيدين تماماً عن الإنتاج المدني، فكثير من مصانع الذخيرة الكبرى جاء من نمو إنتاج السلع غير العسكرية كصنع أدوات من الحديد والصلب. وبسبب مفهوم: "**الحرب الشاملة**" تغيرت طبيعة المؤسسات العسكرية، واحتاجت "**الحرب الميكانيكية**" إلى معرفة تقنية ومهارات فنية. وأخذت المنشآت العسكرية الجديدة الكثير من سماتها من المشروعات الصناعية الكبرى فاكتسبت خصائصها من طرق الإدارة الحديثة وتنظيم العمل والوسائل المستخدمة في العمليات الصناعية الكبرى كافة.

ومع تقدُّم الإنتاج أصبح تحسين وتطوير أي سلاح جديد وما يؤدى إليه من تغيرات يحدث هو الآخر فى فترة أقصر، فالجيش الإنجليزي استخدم الرشاشات للمرة الأولى في حرب البوير (١٨٩٩ —

١٩٠٢)، وخلال الحرب العالمية الأولى استخدم الطرفان هذا السلاح بكميات كبيرة. ومع اندلاع الحرب العالمية الأولى – حسب المؤرخ المعروف هـ. ج. ويلز – فإن كل الدول الأوربية تنافست في **"التسليح وأخذت نسبة الإنتاج القومي الموجهة لصنع العتاد العسكري تزداد من عام لآخر"**. وشمل التطور الذي أتت به الحرب العالمية الأولى تطويع تقنيات مدنية للاستخدام العسكري.

وللمرة الأولى في التاريخ، أيضاً، دخلت الطائرات الخدمة العسكرية، وعند نهاية الحرب كانت سرعة الطائرات قد ازدادت من (١١٠ – ١٣٠ كيلو) لتصل إلى ٢٣٠ كيلو، كما زاد أقصى ارتفاع تصل إليه من ٢٣٠٠ متر إلى عشرة آلاف متر. وفي عام ١٩٣٠ سُجِّل في بريطانيا اختراع المحرك النفاث، وقد طار النموذج الأول منها أثناء الحرب بعد تجارب فرضت عليها سرية تامة. وفي ألمانيا، أخذ التطور مسلكاً مماثلاً، فبنت مصانع **"هينكل"** الألمانية أول نموذج اختياري عام

١٩٣٦، فكانت المؤسسة العسكرية الألمانية أسرع في إنتاج الطائرة النفاثة، رغم أن بريطانيا كانت أسبق في الوصول للاختراع.

وبصفة عامة كان للنظام النازي، قبل الحرب العالمية، تجربة مهمة في تطويع الإمكانات التقنية والصناعية لخدمة الأغراض العسكرية، فبين عامي ١٩٣٧ و ١٩٣٩ قامت ألمانيا بتجنيد إمكاناتها كافة لخدمة المجهود الحربي فكانت نسبة الإنفاق العسكري حتى عام ١٩٧٣ تبلغ ٦٧ % من ميزانية الدولة، ويرجح المشير محمد عبد الحليم أبو غزالة أن هذا التحول كان مرجعه عدم تأكدهم من الوصول لحالة تفوق اقتصادي وعسكري على الأعداء المحتملين يستمر لفترة طويلة. وهكذا أصبحت القدرات التقنية والصناعية والاقتصادية من أهم العوامل المؤثرة في قرار القيادة الألمانية.

وكان السياسيون الغربيون يدركون أهمية حماية القدرات الصناعية كمقوم من مقومات الأمن

القومي، وهو ما جعلت فرنسا تطلب من بريطانيا ألا تدخل في أي صراع عسكري مع النازي بعد غزوه بولندا، خوفاً من أن يدفع هذا لأن يقوم النازي بغارات ثأرية ضد المصانع الحربية الفرنسية التي كانت تفتقر للحماية. وبعد قليل من بداية الحرب جند النازي القدرات الصناعية في الدول التي احتلها لخدمة آلة الحرب النازية وهو ما مكنه من زيادة إنتاجه من الأسلحة والمعدات على نحو كبير.

٢٣

اقتصاد ما بعد الحرب

من الأثار التي تعد مفصلية لعلاقة التأثير والتأثر بين الحرب والاقتصاد ظهور فكرة "**التخطيط الاقتصادي**" على يد العالم النرويجي كريستيان شوبنهيدر في بحث نشره عام ١٩١٠ ثم طورت الفكرة من الناحية العملية أثناء الحرب العالمية الأولى (١٩١٤ – ١٩١٨) في ألمانيا كأسلوب لإدارة الحرب، وتبعتها بريطانيا والدول الأخرى للتوازن بين الحرب والاقتصاد القومي. وبعد الحرب هدأت الأوضاع وفي (١٩٢٩ – ١٩٣٠) حدث "**الكساد العظيم**" فعاد المجتمع الغربي لفكرة التخطيط الاقتصادي. وبرزت أفكار جون ماينارد نتيجة البطالة المزمنة وقلة الاستثمار.

وفي كتابه: **"هل الحرب ضرورة للنمو الاقتصادي: المشتريات العسكرية وتطور التقنية"**

"(Is War Necessary for Economic Growth ؟Military Procurement and Technology Development")

يتتبع فيرون روتان جوانب من التحربة الغربية في هذا السياق من خلال دراسة طبيعة العلاقة بين إنفاق حكومة الولايات المتحدة على الأبحاث والتطوير في المجال العسكري وبين التطور التقني في عدد كبير من الصناعات غير العسكرية التي ساهمت في نمو الاقتصاد الأمريكي. ويتطرق الباحث إلى حالات رئيسة منها الانتقال من صناعة الأسلحة النارية إلى صناعة ماكينات الخياطة والدراجات والسيارات، وكيف أدت صناعة الطائرات العسكرية إلى تطور قطاع الطائرات التجارية.

وفي قراءة للكتاب يشير الدكتور يوسف خليفة اليوسف إلى أنه، في عام ١٨٠٠ كان نصيب القطاع الصناعي من الإنتاج السلعي الأمريكي لا يزيد على١٠ % ثم ارتفعت هذه النسبة الى ٥٠% مع نهاية القرن

التاسع عشر وذلك بسبب التطور في أساليب التصنيع الذي بدا في صناعة الأسلاحة النارية والتي كانت متركزة في القطاع الخاص، لكنها كانت تتصف بعدم الكفاءة وكثير من الفساد، لكن ما إن بدأت الدولة في تبني هذه النواة التصنيعية إدارة وتمويلاً وشراء حتى انطلقت هذه الصناعات متركزة في الآلات والمعدات وتطورت لديها منهاجية في صناعة القطع وتجميعها وتم النقل التدريجي لمهارات الميكانيكيين في صناعة السلاح إلى صناعات أخرى تأسست على المنهجية نفسها، ومن بينها صناعات الأقفال وماكينات الخياطة والساعات والدراجات. وكانت صناعة ماكينات الخياطة أول صناعة تتبنى أسلوب التصنيع الذي استخدم في الأسلحة النارية، وتدريجياً تم تحسين اداء هذه الصناعات من حيث الجودة والسرعة والكفاءة والكلفة وحجم الإنتاج. كل ذلك من خلال التجارب والتطبيقات المستمرة. أما صناعة الدراجات فكانت هي الخطوة الأولى لقيام شركة فورد للسيارات حيث إنها

كشفت عن رغبة كبيرة لدى المستهلك الأمريكي للحصول على وسائل نقل متطورة، وهنا بدا فورد بتأسيس شركته عام ١٩٠٣ وكان ميكانيكياً بارعاً ذا مخيلة واسعة استفاد من العمليات الإنتاجية التي كانت قد قطعت شوطا في الأسلحة النارية، وعدلها للأستفادة منها في المراحل المختلفة في صناعة السيارة، وكان تركيزه على الكفاءة والبساطة في آن واحد.

وهكذا استطاعت الحكومة الأمريكية أن تساهم في تطوير التقنية المدنية من خلال تشجيعها لصناعات الأسلحة النارية البسيطة من خلال الدعم ونقل المنتجات عبر مسافات طويلة وتوفير العقود لشراء الأسلحة والأنفاق على الاستثمارات اللازمة لاستمرارية هذه الصناعات وتحمل مخاطرة الفشل والنجاح الذي يواكب كل تطور علمي.

في عام ١٩٠٣ اخترع الأخوان رايت أول طائرة ناجحة، وفي عام ١٩٠٥ استطاع الأخوان بنموذج ماكينته أكثر تطوراً أن تطير لمسافة ٢٤ ميلاً

وفي صيف عام ١٩٠٨ قامت طائرتهما برحلات في فرنسا استغرقت أكثر من ساعتين. وكانت الحرب العالمية الأولى بمثابة المحرك لتطور هذه الصناعة في أوروبا التي سبقت الولايات المتحدة في دخول الحرب ثم بعد ذلك في الولايات المتحدة بعد انضمامها الى الحرب. فمثلاً كانت أمريكا تصنف خلال السنوات ١٩٠٨ و ١٩١٣ في المرتبة ١٤ من حيث انفاقها على التسلح أي أقل من البرازيل. بينما كانت تتصدر القائمة ألمانيا وفرنسا وروسيا وإيطاليا. ففي هذه الدول قامت الحكومات بتقديم الدعم لأنتاج الطائرات العسكرية وتأسيس مجالس الإدارة وشراء المنتجات وانشاء مراكز الأبحاث والتطوير من اجل تطوير نماذج الطائرات وقوة محركاتها ولذلك نرى أنه عندما انتهت الحرب العالمية الأولى تراجع انتاج الطائرات في الولايات المتحدة من ١٤٠٢٠ طائرة (منها ١٣٩٩١ طائرة عسكرية) إلى ٣٢٥ طائرة (منها ٢٥٦ طائرة عسكرية) عام ١٩٢٠

٢٨

ولم يوقف هذا التراجع الا طلبات الجيش والبريد لأسطول من الطيران لنقل البريد في القارة الأمريكية.

لكن ما ان وضعت الحرب العالمية الأولى أوزارها إلا وأدركت الولايات المتحدة ضرورة التركيز على هذه الصناعة، وبالفعل توسعت هذه التجربة لتربط بين مختبرات وتجارب الخبراء في الجامعات وتمويل الدولة وانتشار مراكز الأبحاث وتحول التمويل من أشخاص إلى مؤسسات، وكانت ثمرة هذه الجهود مزيداً من التطوير في نماذج الطائرات ومحركاتها ومراوحها وكفاءة تشغيلها

وخير مثال لتوضيح العلاقة بين تطور التقنية في المجال العسكري وانتقاله إلى المجال التجاري هي شركة "**بوينغ**" الأمريكية التي كانت لها بعض الأبتكارات في العشرينات والثلاثينات من القرن الماضي إلا أنها لم تستطع تحقيق نجاح تجاري ملموس آنذاك. لكن في عام ١٩٣١ بدأت بوينغ بتطوير قاذفة القنابل ب ٩ مستفيدة من التراكم المعرفي في مجال الطيران وفي الوقت

نفسه، بادرت بإنتاج طائرة أخرى للاستخدامات التجارية هي بي ٢٤٧ مستفيدة من نموذج البي ٩ وكانت أول طائرة تجارية متعدد المحركات وذات كفاءة عالية وكانت نموذج الطيران التجاري حتى منتصف خمسينيات القرن الماضي.

٣٠

٣١

ممدوح الشيخ

كاتب/ مفكر – مصر.

نشر له مؤلفات في القاهرة وبيروت والشارقة ومسقط وعمان والرياض وواشنطن والكويت.

www.ingramcontent.com/pod-product-compliance
Lightning Source LLC
Chambersburg PA
CBHW072049190526
45165CB00019B/2242
* 9 7 8 1 5 0 0 9 6 3 6 9 9 *